**探索**

# 穿越银河系

科普文化站◎主编

应急管理出版社
· 北京 ·

**图书在版编目（CIP）数据**

穿越银河系／科普文化站主编. －－北京：应急管
理出版社，2022（2023.5 重印）

（探索宇宙奥秘）

ISBN 978 - 7 - 5020 - 6142 - 5

Ⅰ.①穿… Ⅱ.①科… Ⅲ.①银河系—儿童读物
Ⅳ.①P156 - 49

中国版本图书馆 CIP 数据核字（2022）第 035161 号

**穿越银河系（探索宇宙奥秘）**

主　　编　科普文化站
责任编辑　高红勤
封面设计　陈玉军

出版发行　应急管理出版社（北京市朝阳区芍药居 35 号　100029）
电　　话　010 - 84657898（总编室）　010 - 84657880（读者服务部）
网　　址　www. cciph. com. cn
印　　刷　三河市南阳印刷有限公司
经　　销　全国新华书店

开　　本　880mm × 1230mm$^1/_{32}$　印张　24　字数　430 千字
版　　次　2022 年 11 月第 1 版　2023 年 5 月第 2 次印刷
社内编号　20200873　　　　　　定价　120.00 元（共八册）

# 前言

　　宇宙是怎么诞生的？银河系是如何被科学家发现的？除了太阳，太阳系家族还有哪些成员？恒星离我们有多远？月球车在月球上发现了什么？航天员在太空中是怎样生活的……宇宙是如此浩瀚而神秘，激发着我们的好奇心和求知欲，驱使着我们不断地去探索、去揭开那些鲜为人知的奥秘。

　　为了满足孩子们的好奇心和求知欲，激发他们的科学探索精神，我们精心编排了这套《探索宇宙奥秘》丛书。这是一套图文并茂的少儿科普书，集趣味性、知识性、科学性于一体，囊括了太阳系、银河系、地球、恒星、月球等天文学知识。本系列丛书从孩子的视角出发，精心选取孩子感兴趣的热门话题，根据他们的阅读特点和认知规律进行编排，以带给孩子美好的阅读体验。

　　赶快翻开这本书，让我们一起推开未知世界的大门，尽情感受宇宙的广阔与奥妙吧！

# 目录

# 宇宙之"河" —— 银河系

银河系是地球和太阳所属的星系，是由恒星、星团、星际气体和尘埃组成的庞大天体系统。

## 银河系的组成

银河系由核球、银核、银盘、银晕和银冕五部分组成。

银河系的外形像一个中间凸起、周围扁平的大圆盘，整个圆盘的直径约为10万光年。银河系中间的凸起处叫作核球，这里的恒星密度非常高。银核在核球的中心位置，是银河系的自转轴与银道面的交点，银河系的核心，也称银心。核球外是银盘，银盘是银河系的主体，也就是我们见到的"大旋涡"，这个旋涡由若干条旋臂组成。银盘的外围是银晕，银晕的直径约为 9.8 万光年，范围很大，超过银盘的 50 倍。这里的物质密度很低，主要成员是球状星团。在银晕之外的区域没有恒星分布，但存在着一个范围更大的球状射电辐射区，称为银冕。银冕离银心更遥远，至少延伸到距银心 32 万光年之外。在银河系中还可以看到许多暗带，这些暗带是星际介质和暗星云。

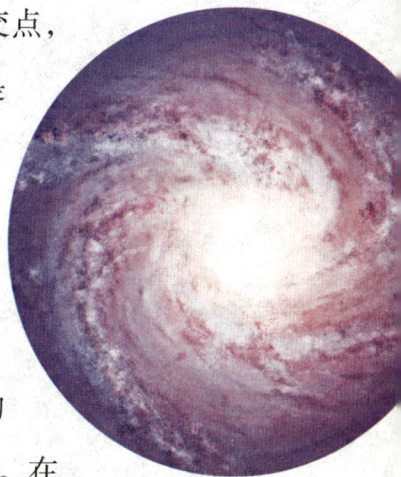

## 银河系的发现

银河系的发现经历了漫长的过程。17 世纪初望远镜发明后，伽利略首先用望远镜观测银河，他发现银河由恒星组成。18 世纪中期，赖特、康德、朗伯等天文学家认为，银

**超神奇！**

旋臂是指存在于旋涡系和棒旋星系的带状结构，主要由恒星、气体和尘埃物质等组成。

河和全部恒星可能集合成一个巨大的恒星系统。18 世纪后期，威廉·赫歇尔用自制的反射望远镜开始恒星计数的观测，以确定恒星系统的结构和大小，他断言恒星系统呈扁盘状，太阳离盘中心不远。1822 年，他去世后，其子约翰·赫歇尔继承父业，继续进行深入研究。

20 世纪初，天文学家把研究银河所发现的这个恒星系统称为银河系。卡普坦应用统计视差的方法测定恒星的平均距离，结合恒星计数，得出了一个银河系模型。在这个模型里，太阳居中，银河系呈圆盘状，直径 8 千秒差距，厚 2

千秒差距。沙普利应用造父变星的周光关系，测定球状星团的距离，从球状星团的分布来研究银河系的结构和大小。他提出的模型是：银河系是一个透镜状的恒星系统，太阳不在中心。沙普利得出，银河系直径80千秒差距，太阳离银心20千秒差距。这些数值太大，因为沙普利在计算距离时未计入星际消光。20世纪20年代，银河系自转被发现以后，沙普利的银河系模型得到公认。

## 宇宙科学馆

科学家发现银河系具有"弯曲"的特性，目前已经凹陷成碗状。随着观测技术的进步和观测工作的不断深入，科学家发现银河系变形的行进速度很快，由此提出假设，银河系发生弯曲是由星系碰撞造成的，特别是那些围绕银河系运行且比银河系小很多的星系，这种碰撞会产生扭曲银河系的波动。

# 银河系的大小和年龄

我们已经知道，太阳系位于银河系，那么银河系到底有多大？年龄是多少？天文学家又是如何测量出这些数据的呢？

## 银河系的大小

19 世纪初，英国天文学家赫歇尔父子发现银河系中心处的恒星很多，而离中心越远恒星越少。他们的观测

**超神奇！**

2018 年美国天文学家埃克塔·帕特尔和她的团队利用超级计算机模拟出一个虚拟的宇宙，并在其中模拟了 9000 多个银河系，最终估算出银河系的质量是太阳质量的 9600 亿倍。

表明，银河系是一个恒星体系，并且其范围有限，太阳靠近银河系中心。他们估计银河系中有 3 亿颗恒星，其直径为 8000 光年，厚 1500 光年。

荷兰天文学家卡普坦的观测进一步证实了赫歇尔父子关于银河系形状的观测结果。1906 年，他估计银河系直径为 23000 光年，厚 6000 光年；1920 年，他测算出银河系直径为 55000 光年，厚 11000 光年。这一结果比赫歇尔父子的测算结果大了许多。

20 世纪 80 年代，人们测得银河系数据是：质量约相当于 2000 亿个太阳的质量，直径约为 10 万光年，厚约 2000 光年，中心厚度约 1.2 万光年，太阳距银河系中心约 2.6 万光年。

2015 年，以美国天文学家韩第·周·纽柏格为首的科学小组发现，银河系的银盘其实不是扁平的平面，而是有着许多类似瓦楞纸板的褶皱一样的"波纹"。他们以太阳为中心，已经观察到了 4 条波纹，后来确定了这

种波纹遍布银河系的银盘。这一发现将银河系的直径从之前估计的约 10 万光年扩展到了 12 万光年。此外，他们猜测银河系的真实大小至少是目前观测出的 1.5 倍。

## 银河系的年龄

由于天文学家们采取不同的方法来测定银河系的年龄，因此天文学界对银河系的年龄一直争议不断，不过大致范围在 70 亿~200 亿年。1983 年，美国的天文学教授纳斯·詹姆士和彼雷·迪马库，对银河系的年龄进行了反复的计算，最后测定银河系的年龄接近 120 亿年。实际上许多科学家经过计算，几乎都确定银河系的年龄最大不超过 120 亿年！

**宇宙科学馆**

据美国太空网站报道，一项最新研究已精确地测出了银河系的年龄。科学家通过研究 4 颗白矮星的光谱，使得测出的银河系年龄空前精确，银河系内部光环的年龄为 114 亿年。

我们应该都知道木桶效应：一只木桶能装多少水取决于它最短的那块木板。同理，天文学家计算银河系年龄最主流的方法是先测定出银河系中最古老的天体，再推测出银河系的年龄。银河系中的一些恒星的年龄可通过测定恒星上长寿命放射性元素的相对丰度推算出来。例如，用这种方法测出 CS 31082–001 的年龄为（$125 \pm 30$）亿年，BD+17 3248 的年龄为（$138 \pm 40$）亿年。白矮星的辐射会使其失去能量，星体温度变低，测量温度最低的一些白矮星，并与推测的初始温度相比较，也可以算出恒星的年龄。用这种方法算出球状星团 M4 的年龄为（$127 \pm 7$）亿年。球状星团是银河系中最古老的天体，因此它们的年龄可以作为银河系年龄的上限。2007 年，天文学家们通过测定银晕内的一颗红巨星 HE 1523–0901 上的放射性元素，推算出其年龄为 132 亿年。这大概是银河系中已知的最古老的天体。

# 银河系的"旋涡"

在我们眼中，银河系就像一个巨大无比的旋涡，包含着无数的星体和宇宙物质，那么这个巨大的旋涡究竟是怎么形成的呢？它是不是在转动呢？

## 银河系的结构

20世纪30年代，人们开始破解银河系螺旋状结构之谜。到了20世纪40年代，荷兰科学家赫尔斯特认为冷氢能发出一种射电辐射，可惜当时荷兰被德国占领，赫尔斯特的科研工作陷于停顿，没能对这一问题做进一步的研究。到了1951年，探测这种辐射的工作由美国天文

# 宇宙科学馆

银河系中也有闪电。1922年，天文学家在人马座发现了一道巨大的蛇形闪电，它长达150光年，宽2～3光年，并且还在不停地摆动。科学家估计，它已经持续数百万年了。

学家尤恩和珀塞尔完成。

这项探测工作非常重要，科学家们在测定氢云的分布和运动的基础上，发现了银河系的螺旋结构，进而发现许多河外星系也是螺旋结构。

1976年，两位法国天文学家绘制出了4条旋臂在银河系中的位置，进一步确定了银河系存在旋涡结构，这是迄今为止最完整的银河系旋涡结构图（旋涡结构是螺旋结构的分类之一）。

为什么银河系会存在旋涡结构呢？通常认为是由于银河系的自转。20世纪20年代，荷兰天文学家奥尔特证明，恒星围绕银心旋转，就像行星围绕太阳旋转一样，并且距银心近的恒星运动得快，距银心远的运动得慢。他算出太阳绕银

心的公转速度为每秒 220 千米，绕银心一周要花 2.5 亿年。

不过，也有持不同观点者。1982 年，美国天文学家贾纳斯和艾德勒发现，银河系并没有旋涡结构，而只有一小段一小段的零散旋臂，旋涡只是一种幻影。

**超神奇！**

棒旋星系是指有棒状结构贯穿星系核的旋涡星系。所有旋涡星系中，有 2/3 是棒旋星系。棒状结构就像轮子中间的横梁，当它转动时，从它两端延伸出的旋臂也随之转动。

2004 年，科学家观测到银河系中心的核球由许多老年恒星组成，而且形状类似棒状。于是人们终于确定银河系应该是一个巨大的棒旋星系 SBc（旋臂宽松的棒旋星系）。银河系总质量是太阳质量的 6000 亿 ~ 3 万亿倍，其中有大约 1000 亿颗恒星。

**银河系的旋臂**

到目前为止，人们已发现银河系有 4 条对称的旋臂，其中 3 条分别是靠近银心方向的人马座主旋臂、猎户座旋臂和英仙座旋臂，它们是在 1951 年被发现的。20 世纪 70 年代，人们通过探测银河系一氧化碳分子的分布，又发现了第 4 条旋臂，它跨越狐狸座和天鹅座，被称为 3000 秒差距臂。

旋臂是银河系里新恒星诞生的摇篮。每年，银河系都会不断地生成新的恒星，也会有恒星"死去"。每 100 年至少会有一颗恒星老化，但是新生的恒星每年会有 10 颗左右。这些新生的恒星出现在什么地方呢？它们就出现在银河系的旋臂上。这是因为密度波到达旋臂的时候，会压缩行星系的物质，使恒星的形成成为可能。大质量恒星的寿命比较短，而且数量比低质量恒星少很多，它们基本上没有离开过其出生时所在的旋臂。天文学家观测了 1650 颗大质量恒星的分布情况，发现它们大多在矩尺臂和人马臂。

# 银河系的运动

银河系的旋涡形状暗示着它自身也在不停运动着，那么银河系在做怎样的运动呢？是和恒星一样不停地自转吗？

## 银河系的自转

由于引力作用，银河系内的所有物质在围绕银心转动着，这种运动叫银河系自转。1887年，俄国天文学家斯特鲁维最早开始自行观测并研究银河系的自转。1924年，美国人斯特隆堡根

**超神奇！**

如果按照其他恒星围绕银河系中心旋转的速度旋转，那么地球围绕太阳旋转一周仅需3天，而不是现在的365天。

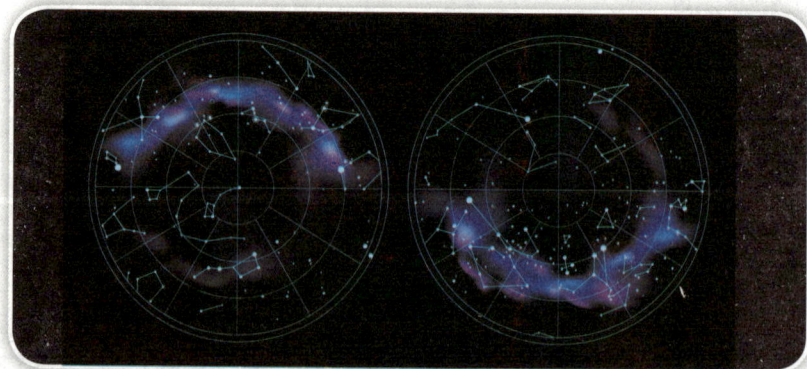

据恒星运动的不对称性提出了银河系自转的假设。1926年，瑞典天文学家林德布拉德提出不同子系绕银心旋转速度不同的观点，全面建立了银河系自转的理论。1927年，荷兰天文学家奥尔特推导出了银河系较差自转理论，通过对恒星视向速度的分析，证实了银河系自转的理论。但银河系的自转不像一般固体的转动，银盘内从中心到边缘的不同地方因为物质分布不均匀，引力也各不相同，银河系的物质大部分集中在靠近银河系中心

的位置，因此恒星离银河系中心越远，它随银河系绕行的速度就越慢。

## 银河系的移动

银河系除了它内部的恒星围绕着它的中心旋转，其本身也在宇宙空间中移动着。我们住在银河系里，因此无法直接观

**宇宙科学馆**

银河系在银盘的边缘处自转速度很慢，而在太阳附近的自转速度很快，可达每秒 250 千米，如果太阳以这一速度绕银心转一圈，需 2.25 亿～2.5 亿年。

测出它在宇宙空间的移动，但可以从其他星系相对于银河系的移动，来发现银河系本身的移动。

　　20 世纪 70 年代，科学家在测量宇宙微波背景辐射时，偶然发现银河系一侧的温度比另一侧高，这说明银河系正在朝某个方向高速移动。通过进一步研究，科学家发现银河系正在被某种巨大的引力吸引，朝着半人马座的方向，以每秒 600 千米的速度移动。1986 年，天文学家们在观测处女座的时候发现，在银河系附近 6500 万光年的区域内居然存在 1300 多个星系，而这些星系被某种神秘的巨大引力吸引着，于是天文学家们给这个神秘的引力源取名为"巨引源"。

　　巨引源是本超星系团中的一个引力异常区域，这里的引力大到可以影响周围几亿光年的星系。而银河系距离巨引源大概 2 亿光年，在其引力范围之内，这就是银河系移动的原因。

# 银河系中间的黑洞

　　科学家认为，宇宙中每个星系的中央一般都"盘踞"着一个巨大的黑洞，银河系也不例外。美国天文学家通过观测银河系中心附近 3 颗恒星的运动，进一步证实了银河系中心附近存在一个大型黑洞的说法。

## 黑洞的发现

　　黑洞是由一颗或多颗行星坍缩形成的致密天体，引力极强，在它周围被称为"事件视界"的区域里，连光也无法逃逸，因此无法被直接观测到。但黑洞周围的物质在被吞噬时，温度会升得极高，并释放出大量 X 射线，通过观察这些射线，就能确认黑洞是否存在。

　　科学界普遍认为，银河系中心附近的一个特殊射

电源——半人马座 α 可能是一个大型黑洞，它的质量约为太阳的 260 万倍，距地球约 2.6 万光年，这个距离与太阳到火星的距离相当。美国加利福尼亚大学洛杉矶分校的科学家在英国《自然》杂志上刊登的一篇论文中说，他们找到了表明半人马座 α 射电源是黑洞的新证据。

从 1995 年起，科学家使用设在夏威夷群岛上口径为 10 米的凯克望远镜，对半人马座 α 射电源附近的 3 颗恒星进行了历时 4 年的观测。结果发现，这 3 颗恒星绕该射电源运行的向心加速度很大，表明射电源对它们有极强的引力作用。这意味着，该射电源很有可能是一个巨大的黑洞。

黑洞形成的必要条件是一个巨大的物体集中在一个极小的范围内。晚期的恒星恰巧具备

## 宇宙科学馆

1974 年，英国物理学家霍金发现了影响极为巨大的黑洞蒸发现象：黑洞不是完全"黑"的，也不单纯是个"洞"，它既可以通过吸积物质使其质量增加，也可以向外发射物质而使其质量减小。

了这个条件。当恒星能量衰竭时，进入白矮星阶段，体积变小，亮度惊人；白矮星进一步内聚，最后突然变成一个点，整个过程不到1秒。在我们看来，恒星消失了，一个黑洞诞生

**超神奇！**

2022年5月12日，中国科学院上海天文台公布了银河系中心黑洞人马座A*（Sgr A*）的首张照片。这张照片由事件视界望远镜（EHT）合作组织发布，通过分布在全球的射电望远镜组网"拍摄"而成，它的发布给出了银河系中心人马座A*就是黑洞的实证。

了。根据相对论，90%的宇宙都将消失在黑洞里。

人类为探索黑洞而不懈努力。最为成功的一次是在肯尼亚顺利发射的第一颗X射线卫星观测系统——乌呼鲁，这个装置在发射运行3个月后就发现了天鹅座的异常。天鹅座X-1星发出的"无线电波"使人们可以准确地测定它的位置。X-1星比太阳大20倍，离地球8000光年。研究表明，这颗亮星的轨道发生了改变，原因在于它有一位看不见的"邻居"，即一个有太阳5～10倍大的黑洞。这是人类确定的最早的一个黑洞。

## 白洞的存在

黑洞就像宇宙中的一个无底深渊，物质一旦掉进去，

就再也逃不出来了。根据矛盾的观点，科学家们大胆地猜想：宇宙中会不会也同时存在一种物质只出不进的"泉"呢？并给它取了一个同黑洞相反的名字，叫"白洞"。

科学家们猜想：白洞也有一个与黑洞类似的封闭的边界，但与黑洞不同的是，白洞内部的物质和各种辐射只能经边界向边界外部运动，而白洞外部的物质和辐射却不能经边界进入其内部。形象地说，白洞好像一个不断向外喷射物质和能量的源泉，它向外界提供物质和能量，却不吸收外部的物质和能量。

关于白洞的形成，主流观点认为白洞就是黑洞老化坍缩后的结果。另一种观点认为，白洞在宇宙诞生之初就存在，但由于宇宙大爆炸不完全而遗留下一些高密度的物质核心，这些致密的核心可能要等待一定的时间才开始膨胀和爆炸。也就是说，我们的宇宙在最早可能就是一个巨大的白洞。

# 银河系中的星团

星团是由引力相互作用而形成的恒星集团，由十几颗至百万颗，甚至更多恒星组成。星团按照其形态和内部恒星的数量等可以分成两类：球状星团和疏散星团。

## 球状星团

银河系中存在着大量的球状星团，它们多数位于银晕之外。球状星团因外形呈圆形或椭圆形而得名，直径为 20~500 光年。在引力作用下，球状星团内部恒星的密度比太阳周围的恒星密度高出数十倍。球状星团很常见，天文学家在银河系中已经发现了大约 150 个球状星团。

因为引力作用，越靠近球状星团的中心，聚集的恒星密度越大，

不同球状星团内会有几万到数百万个不等的恒星。同一个球状星团内的恒星基本是在同一时期形成的，它们的演化历程也大致相同。

　　天文学家认为，当宇宙形成时球状星团就已经存在，球状星团内极有可能有星系中最早诞生的恒星。因此通过测定球状星团的年龄，可推测出星系的年龄。

## 疏散星团

　　疏散星团是由较弱的引力作用松散地联系在一起的恒星构成的，一般包含十几颗到几千颗恒星。多数疏散星团的形态不规则，一般是中心部分恒星密集，周围比较分散。疏散星团的直径一般在 5~50 光年，中心部分的恒星直径通常为 3 ~ 4 光年。

目前人类已经在银河系中发现了 2000 多个疏散星团，但据推测，实际数量可能有十倍之多。疏散星团主要分布在银盘，同样是在引力作用下聚合而成，其中恒星的组成成分大约有 98% 是氢元素和氦元素。天文学家据此观测出疏散星团内部的恒星以比较年轻的蓝色恒星为主。

**超神奇！**

昂星团是离地球最近，也是最亮的疏散星团之一。位于金牛座天区，因为构成昂星团的几颗亮星位于昂宿而得名，通常有六七颗亮星，因此也被称为"七姐妹星"。

## 宇宙科学馆

通常情况下，疏散星团内恒星相互疏远，最终将变成移动星团。最广为人知的移动星团是大熊星团。

虽然球状星团和疏散星团在形态、分布、组成等方面有很多不同，但较小的球状星团与较大的疏散星团在外观上并没有很大的区别。一些天文学家认为这两种星团的形成过程基本相同，只是在银河系中球状星团内部的恒星会越来越稀少而已。

疏散星团内部有几百颗甚至上千颗恒星集中分布在一块较小的区域中，它们的亮度和颜色各不相同，因此疏散星团对天文爱好者来说是很好的观测对象。并且，在光污染严重的地区，人们仍然可以用小型望远镜，甚至双筒望远镜，观测到疏散星团。

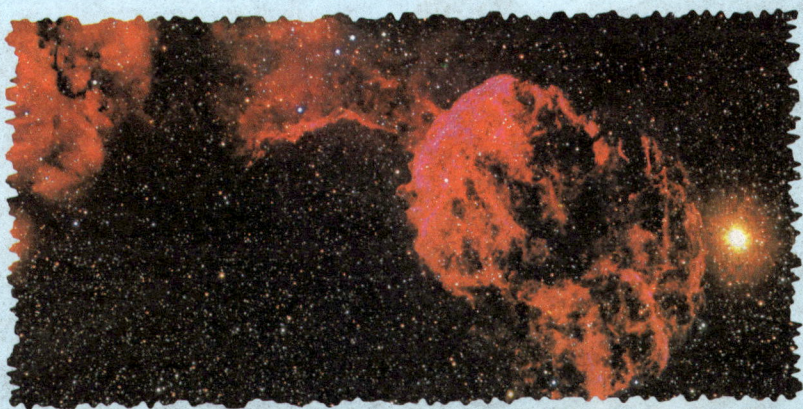

# 银河系中的星云

　　星际物质在宇宙空间的分布并不均匀。在引力作用下，某些地方的气体和尘埃相互结合组成云雾状天体，人们形象地把它们叫作"星云"。

## 星云的发现

　　1758 年 8 月 28 日，法国天文学家梅西叶在巡天搜索彗星的观测中，在恒星间

## 超神奇！

　　马头星云是一个暗星云，从地球上看，黑暗的尘埃和旋转的气体构成的形状似马头，所以称为马头星云。它距离地球大约 1140 光年，是哈佛大学天文台的威廉明娜·弗莱明在 1888 年发现的。

突然发现一个没有位置变化的云雾状斑块。它显然不是彗星（彗星虽呈云雾状，但绕太阳运行，位置会发生变化）。随后，梅西叶将观察到的那个模糊天体在自己的星表中编号为 M1，它是位于金牛座东北面的星云。

## 星云的构成

天文学上的星云包含了除行星和彗星外的几乎所有延展型天体。我们有时将星系、各种星团及宇宙空间中各种类型的尘埃和气体都称为星云。在恒星和恒星之间，常常存在着大小不一的星云。

## 星云的明暗

银河系中到处弥漫着星云，它们有的亮，有的暗。亮星云中有的反射了旁边亮星发出的星光，有的自己也能发光；暗星云则是一种不发光的星云，由于浓密的星云遮住了后面的星光，看起来就像是明亮背景中的"黑云"。

## 星云的种类

### 宇宙科学馆

星云内99%是气体，主要成分是氢，其次是氦。

按照形态，银河系中的星云可以分为弥漫星云、行星状星云等。

弥漫星云正如它的名称一样，没有明显的边界，常常呈不规则形状。它们的平均直径在几光年至几十光年，平均密度在每立方厘米 10 ~ 100 原子（事实上这比实验

室里得到的真空要低得多）。它们主要分布在银道面附近。比较著名的弥漫星云有猎户座大星云、马头星云等。

行星状星云的样子有点儿像吐出的烟圈，中央往往有一颗很亮的恒星，这颗恒星不断向外抛射物质，形成星云。可见，行星状星云是恒星晚年演化的结果。比较著名的行星状星云有宝瓶座耳轮状星云和天琴座环状星云。

# 银河系中的尘埃

提到宇宙空间，我们可能会想象那里一无所有、黑暗寂静，是一片接近虚无的真空，事实上并非如此。恒星之间广阔无垠的空间也许是寂静的，但并非完全都是真空，而是有很多物质存在的。

## 星际物质

星际物质是存在于星系中恒星和恒星之间的各种物质的总称，包括星际气体、星际尘埃、各类星际云，以及星际磁场和宇宙线等。其中，星际尘埃对地球有着直接影响：星际尘埃会散射星光，使星光减弱，叫作星际消光；星际消光的结果是星光的

## 宇宙科学馆

星际物质主要来源于小行星的碰撞、彗星在内太阳系的活动和碰撞、柯伊伯带天体的碰撞，以及行星际物质的颗粒扩散等。

颜色随之变化，导致在地球上看起来星星在"眨眼睛"。

星际物质通常是被恒星风从恒星表面吹飞的物质。恒星风是指恒星表面不断向外喷射而出的物质流。在太阳系中，太阳风将星际物质以每秒几百千米的速度吹离太阳表面。因为太阳风中粒子浓度很高，所以太阳系中行星之间的星际物质的密度相对较高，不过仍然比地球上空气中的物质密度低很多。银河系中星际物质密度较低，气体和尘埃在引力的作用下围绕在银河系周围。在宇宙空间，星系之间的星际物质的密度最低。

星际物质与天体的演化有着密切的联系。观测证实，星际气体的主要成分是氢和氦两种元素，这跟恒星的成分是一样的。因此，人们猜想恒星也许是由星际气体"凝结"而成的。星际尘埃是一些很小的固体颗粒，主要成分为碳化合物、氧化物等。

## 超神奇！

在引力的作用下，星际尘埃会互相吸引并聚集在一起，然后在几百万年内，尘埃颗粒持续被巨大的星体吸引前进，并不断从小行星带得到补充。星际尘埃在落到星体表面之前是宇宙尘埃的一部分。

宇宙空间中的星际物质并非均匀分布的。在引力的作用下，气体和尘埃往往因相互吸引聚集起来，反射、折射恒星的光芒之后，形成了美丽的云雾形状，被形象地称为"星云"。所以，星际物质既是"恒星之母"，也是"星云之子"。

**星际尘埃**

星际尘埃是指宇宙间飘浮的岩石颗

粒与金属颗粒。组成星际尘埃的物质其实和组成地球的物质没有什么区别，但出于各种原因，这些尘埃没有聚合成一颗星体，而是呈微粒状飘浮在宇宙空间。

星际尘埃大致有三种类型：第一种是外表呈黑色或褐黑色的颗粒，光亮耀眼，极像一颗颗发亮的小钢球；第二种是暗褐色或稍带灰白色的球状、椭球状、圆角状的小颗粒，主要成分为氧、硅、镁、钙、铝等；第三种是一些无色或淡绿色的"玻璃球"，主要成分为二氧化硅，还含有少量的二价氧化物。

近些年来，科学家发现了星际尘埃形成的两个主要方式：具有数十亿年生命史的类太阳恒星释放出的流溢物；太空中微粒缓慢浓缩过程中释放的物质。然而，这两种观点无法解释宇宙存在仅数亿年时星际尘埃是如何形成的。另外，天文学家通过新的研究认为，宇宙早期尘埃可能来自超新星爆炸，但目前对星际尘埃形成的研究认识仍不完善。

# 银河系的质量和环境

我们生活的星球只是巨大的银河系中很渺小的一部分，那么银河系中其他星球的环境怎样呢？银河系的环境怎样呢？银河系的质量又是多少呢？

## 超神奇!

### 银河系的质量

仙女座星系是北半球唯一肉眼可见的河外星系，它位于仙女座方向的 Sb 型巨旋涡星系，肉眼看过去，类似于一些云雾状的斑点。形状和结构与银河系相似。总质量为 $(11 \sim 15) \times 10^{11}$ 太阳质量。

使用的方法和资料不同，会使所估计的银河系的质量产生差异。银河系质量的最低估计值是 $5.8 \times 10^{11}$ 太阳质量（$M_\odot$），略小于仙女座星系的质量。轨道速度取决于轨道半径内的总质量，科学家们根据这一原理，推测银河系有更大的质量。通过超长基线阵列，科学家们发现，银河系外侧边缘的恒星速度达到 254 千米 / 秒（570000 英里 / 小时），所以银河系质量大约与仙女座星系相当，在距离中心 160000 光年（49000 个秒差距）的距离内，质量是 $7 \times 10^{11}$ 个太阳质量。根据 2014 年发表的一项研究，银河系的总质量估计为 $8.5 \times 10^{11}$ 个太阳质量，这大约是仙女座星系质量的一半。

哥伦比亚大学的科学家对银河系的质量进行了精确计算，认为银河系质量（包括银河系边缘的拥有数千颗恒星的恒星团）大约是太阳的 2100 亿倍。

来自哥伦比亚大学的研究小组，通过斯隆数字巡天观测到的银河系波动现象，利用哥伦比亚大学的超级计算机模拟出多少质量能够诱发如此规模的波动。通过这种方式并结合银河系大约 12 万光年的直径，科学家计算出银河系的质量为 2100 亿倍太阳质量。这个数字虽然是截至 2015 年较为精确的值，但仍然存在偏差，但比之前银河系的质量估计值偏差要小很多。早前的数据误差率达到 100%，几乎无法确定银河系的具体质量。但是在银河系中还有大量的暗物质无法观测，大多数恒星聚集在 4 万光年的半径内，4 万光年的半径之外几乎完全由暗物质统治。

2020 年，国际研究团队利用美国国家航空航天局哈勃空间望远镜和欧洲航天局"盖亚"探测器对银河系进行了迄今最精确的"称重"，认为银河系质量大约相当于 1.5 万亿个太阳质量。在银河系总质量中，通常认为可见物质的质量仅约占 1/10，大部分质量来自暗物质。

## 银河系的环境

银河系是一个古老的星系。银河系的主要结构成分有核球、银盘、银晕和暗晕等。老年恒星多分布在银河系的中央区域（以白矮星为主），新生和年轻的恒星多分布在银河系的外围区域。近 30 年来，一个重要的发现是：银河系通过缓慢地吞噬周边的矮星系使自身不断壮大，并且这种吞噬情况一直在持续。例如，科学家观测到，银河系目前正在吞噬位于大犬座旁边的一个矮星系。银河系吞噬其他星系后，能量得到补充，可以保持自身的活力。

此外，银河系和它周围的几十个大小星系构成了规模相对较小的不规则星系团，即本星系群。

本星系群是一个典型的疏散星系团，没有明显的向中心聚集的趋势，成员星系约50个。其中银河系和仙女座星系是本星系群成员星系中最大的两个，大体上位于本星系群的中心。除此之外，绝大部分成员星系是矮星系。本星系群的半径为3000多万光年，总质量为$3.2 \times 10^{12}$个太阳质量。

宇宙科学馆

最新研究发现，银河系发生变形可能与星系碰撞有关。银河系周边星系与银河系发生碰撞时，会逐渐被吞噬吸收。科学家表示，人马座星系在多次经过银河系银盘后，最终可能会被完全吸收。

# 银河系中的类地行星

　　类地行星是指物理性质和天体特征跟地球相似的行星。由铁的金属中心、硅酸盐幔及外壳组成，具有体积小、密度大、自转慢、卫星少的特征。

银河系中有多少类地行星

　　除地球外，在太阳系中有三颗类地行星——水星、金星、火星，它们和太阳的距离适宜，质量和体积都比较小，密度比较大，有铁的核心和岩石的外壳，大体特

征与地球差不多。但它们的表面温度和昼夜温差都与地球相差极大，人类根本无法在那里生存。那么在庞大的银河系中，又有多少类地行星呢？

银河系约有 1000 亿~4000 亿颗恒星，其中大约有 7% 的恒星和太阳十分类似，都属于 G 型主序星，每个 G 型恒星所拥有的类地行星的上限为 0.18 颗。加拿大天文学家米歇尔·邦本和她的同事为了算出银河系中类地行星的数量，将类地行星的质量范围定在 0.5 ~ 1.5 倍地球质量，将这些类地行星围绕 G 型恒星公转的距离范围定在 1 ~ 1.7 个地日距离。他们得出的最终观测结果是 60 亿颗——银河系中最多有 60 亿颗类地行星。

## "小地球"——火星

在太阳系中，火星是离太阳第四近的行星，也是四颗类地行星之一。它呈现出不寻常的红色光芒，荧荧如火，行踪不定，亮度也常有变化，因此在中国古代火星被称为"荧惑"。在太阳系八大行星中，人类对火星的探测力度最大。从 20 世纪 60 年代至今，人类一共向火星发射过 40 多个探测器。

火星素有"小地球"之称，它与地球有很多相似的地方。它的半径为 3400 千米，约是地球半径（6378 千米）的一半，质量几乎是地球的 1/10。论体积，在类地行星中，它也只是比水星大些，比地球和金星都要小。相比地球，火星离太阳更远些，它的运行轨道比较长，运行的速度也慢些，公转周期是 687 天。另外，它以 24 小时 37 分 22.6 秒的周期绕轴自转。自转周期与地球如此相近的行星，目前尚未发现第二颗。不

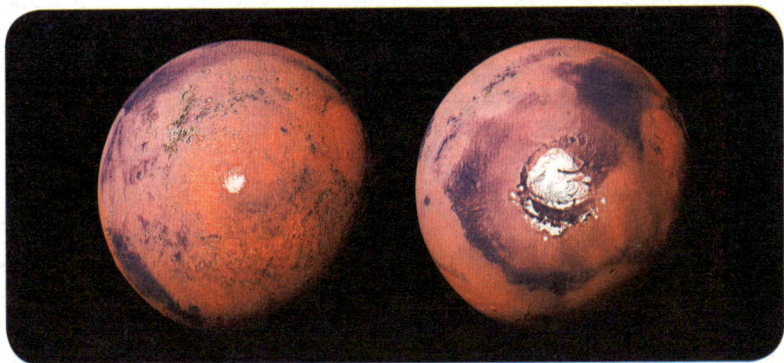

仅如此，火星自转轴的倾角也和地球非常接近。火星上也有四季交替，只是它每一季的时间都是地球的 2 倍长。有趣的是，火星有 2 个白雪皑皑的极冠。这 2 块白色区域也是冬季增大，夏季消融缩小。从天空中观察火星，还能看见它有稀薄的大气层，有两个"月亮"——火卫一、火卫二围绕着它运行。火星曾被认为是太阳系中最有可能存在外星生命的行星。

## 宇宙科学馆

　　银河系的引力范围有多大呢？科学家证实是 89 万~ 100 万光年。银河系的引力范围如此之大，可能会使银河系的邻近星系在它的强大引力作用下，逐渐向银河系靠拢，甚至会和银河系相撞。

# 宇宙岛屿——河外星系

银河系并不是宇宙，它只是宇宙海洋中的一个小岛，是无限宇宙中很小的一部分。宇宙中存在着数以亿计的星系，银河系以外的星系叫作河外星系。

## 河外星系的发现

20 世纪 20 年代，美国天文学家哈勃在仙女座大星云中发现了一种叫作"造父变星"的天体，

**超神奇!**

仙女座内的 M31 为旋涡星系，是距离地球较近的河外星系之一，它甚至可以在初冬夜晚被人用肉眼看到。

天文学家利用它测量星云的距离，确定了仙女座大星云为银河系以外的天体系统（后来仙女座大星云被确定为星系），于是将它称作"河外星系"。河外星系是与银河系类似的天体系统，由大量的恒星、星团、星云和星际物质组成。

2009年，美国天文学家宣称发现了迄今为止最大的发光结构——一座由星系组成的长至少5亿光年、宽约2亿光年、厚约1500光年、距地球2亿～3亿光年的"宇宙长城"。后来经过进一步观测发现，这座巨大的"宇宙长城"实际上也是一个巨大的河外星系。

据天文学家估计，宇宙中存在上千亿个河外星系，每个星系都由数万颗乃至数千万颗恒星组成。河外星系少的由两个结成一对，多的

则由几百个至几千个星系聚成一团。现在观测到的星系团已有上万个，最远的星系团距离银河系约 70 亿光年。这些河外星系就像辽阔海洋中星罗棋布的岛屿一样，因此被天文学家形象地称为"宇宙岛屿"。

## 河外星系的探索

根据多普勒效应，当波源运动时，其波长会发生变化，波长改变的大小和方向取决于波源的运动速度和方向。当波源远离观测者时，谱线向红端位移；

## 宇宙科学馆

河外星系各组成部分的光合为一体，其光谱相叠加，由于组成部分不同，光谱也不同。

当波源趋近观测者时，谱线向紫端位移。星系谱线红移说明河外星系在远离我们。

　　天文学家观测发现，绝大多数河外星系的谱线存在红移现象。1912年，美国科学家最先利用谱线红移测量了河外星系，结果发现除了两个星系的光谱线正在靠近紫端外，其余星系都在发生红移。

　　在此基础上，人类对河外星系进行了大量的探索。目前科学家已发现的河外星系有10多亿个，探索距离达360亿光年。距离银河系较近的河外星系有大、小麦哲伦星系和仙女座星系等。仙女座星系、银河系和其他50多个星系组成了一个更大的星系集团——本星系群。

　　人们发现的河外星系大致有椭圆星系、旋涡星系、棒旋星系、透镜星系、不规则星系等几类。除此之外，还有活动星系。

# 恒星"大联盟"——本星系群

银河系是宇宙中最大的天体系统吗？其实不是，它隶属更大的天体系统——本星系群。银河系基本位于本星系群的中心，本星系群中的星系大都在距离银河系 300 万光年的范围内。

## 超神奇！

本星系群位于范围更大的星系团，即本超星系团中。本超星系团的直径可达 1 亿光年，包含了约 100 个星系群与星系团。

## 本星系群的组成

本星系群是指由银河系、仙女座星系、麦哲伦星系等约 50 个已知星系组成的一个星系集团。本星系群中的全部星系覆盖直径大约有 1000 万光年，是一个疏散星系团，结构非常松散，没有明显的中心。

本星系群内有两个次群：一个是由银河系和大、小麦哲伦星系组成的银河系次群；一个是以仙女座星系为中心，包括 M32、NGC205、NGC147、NGC185、仙女矮星系和三角星系（M33）在内的仙女座星系次群。本星系群中，银河系和仙女座星系是最大的两个星系，三角星系（M33）规模略小，是第三大星系。它们三个都是旋涡星系。其余星系是规模更小的椭圆形或形状不规则的矮星系，它们三五个合为一个次群。本星系群的总质量相当于 65600 万亿个太阳的质量，银河系和仙女星系是其中质量最大的两个成员。

## 星系群和星系团

　　天文学中，星系群和星系团并没有本质上的不同，唯一的区别是内部包含的星系的数量：一般把包含星系数量不足 100 个的天体系统称为星系群，超过 100 个成员星系的称为星系团。

　　成员星系达到数千个的星系团被称为富星系团，但是这样的"大款"非常少，平均而言，每个星系团成员数为 130 个左右。不同星系团中，各种类型的星系所占的比例很不一样。研究发现，星系团的形态与椭圆星系

## 宇宙科学馆

遥远的星系之间也存在引力作用，引力是本星系群存在的重要条件。因为引力作用，规模较大的星系吸引规模较小星系中的恒星或其他物质，许多规模较小的星系会像卫星一样围绕着银河系或仙女座星系旋转。

的比例密切相关。如果一个星系团中椭圆星系所占的比例很大，那么这个星系团的形状倾向于规则和对称；如果椭圆星系所占的比例很小，那么星系团一般会显示出不规则的形状。

超星系团是由若干个星系团聚集在一起构成的更高一级的天体系统。超星系团各个成员星系团之间的引力作用很微弱，因此有人认为超星系团属于不稳定系统。但是还有人认为，超星系团可以再进一步聚合成团，形成更高级的星系集团。

# 巨大的仙女座星系

仙女座星系曾被称为仙女座大星云，其亮度为 4 等，用肉眼就可以看到，是离银河系最近也是质量最大的星系。

**超神奇!**

在光污染较少的地区，如乡村、野外等的夜空中，很容易用肉眼看见仙女座星系。

## 巨大的星系邻居

仙女座星系又名 M31，因为它是著名的梅西叶星团星云表中的第 31 号弥漫天体。从外表上看，仙女座星系与银河系十分相像，两者共同主宰着本星系群。仙女座星系中有数千亿颗恒星，整个星系内光线弥漫，十分壮观。几颗围绕仙女座星系的亮星，其实是银河系中的星星。

目前，仙女座星系的

质量已经变得非常大，是本星系群中质量最大的星系。有人认为，这可能是仙女座星系"吞噬"较小星系的结果。

仙女座星系的中心有一个类星核心，其直径只有 25 光年，质量却相当于 107 个太阳的质量。此外，该类星核心的红外辐射很强，大致相当于银河系整个核心区的辐射，但其中的射电只有银心射电的 1/20。

# 宇宙科学馆

仙女座星系距离银河系约220万光年，其直径为22万光年，是银河系的2倍。

人们最早将仙女座星系视为星云，但从1885年起，人们陆续在仙女座大星云中发现了许多新星，从而推断出仙女座大星云不是一团普通的、被动地反射光线的尘埃气体云，而是由许许多多恒星构成的系统。恒星的数目一定极大，因为只有这样，才有可能在它们中间产生那么多新星。但在当时，由于仙女座大

星云离我们太过遥远，远远超出了人

类的认知范围，而用新星来测定距离的方式也并不可靠，

因此这种认识引起了争议。直到 1924 年，美国天文学家

哈勃测定了仙女座大星云的准确距离。同时，进一步证

明它确实是在银河系之外，并且像银河系一样，是一个

巨大、独立的恒星集团。因此，仙女座大星云才被称为

仙女座星系。

　　当然，关于仙女座星系仍有许多谜团未被解开，等

待着人们进一步去探索。

# 探索麦哲伦星系

麦哲伦星系是人类最早观测到的河外星系，是由阿拉伯人和葡萄牙人首先发现的。

## 麦哲伦星系的发现

10世纪时，阿拉伯人远航到赤道以南时看到南天星空中有两个云雾状天体。1520年，葡萄牙著名航海家麦哲伦在环球航行时，第一次对它们做了精确描述。后来，这两个天体就以他的名字命名：大的叫大麦哲伦云，简称大麦云，距离地球约16万光年；小的叫小麦哲伦云，简称小麦云，距离地球大约19万光年。

1912年，美国天文学家勒维特发现小麦哲伦云的造父变星的周光关系；后来，丹麦的赫茨普龙和美国的沙普利利用造父

变星测定出小麦哲伦云的距离，使小麦哲伦云成为最早确定的河外星系。

## 与地球的距离

大、小麦哲伦星系在北纬20°以南的地区升出地平面，是南天银河附近两个肉眼可见的云雾状天体。大麦哲伦星系在剑鱼座和山案座，张角约6°，相当于12个月球视直径；小麦哲伦星系在杜鹃座，张角约2°，相当于4个月球视直径。两个星系在天球上相距约5.4万光年。

大麦哲伦星系从前离我们可能更近一些，大约在5亿年前，它也许恰好挨着我们的银河系，距离银心只有6.5万光年。小

## 超神奇！

大麦哲伦星系属棒旋星系或不规则星系，质量为银河星系的1/20。小麦哲伦星系属于不规则星系或不规则棒旋星系，质量只及银河系的1/100。

麦哲伦云中一个恒星形成区域的中心，刚刚形成的明亮的蓝色恒星驱散了那里的气体、尘埃，在星云中吹出了一个巨大的空洞。

## 麦哲伦星系的组成

大、小麦哲伦星系中气体含量丰富，中性氢质量分别占它们总质量的9%和32%，都比银河系大得多。但它们的星际尘埃含量比银河系少，而年轻的星族I的天体则很多，有大量的高光度O型和B型星；此外，大、小麦哲伦星系中还有新星、超新星遗迹、X射线双星等天体。射电资料表明，大、小麦哲伦星系有一个共同的氢云包层；两星系之间的中性氢纤维状结构一直伸展到南银极天区，横跨半个天球，称为麦哲伦气流。它们和银河系有物理联系，三者构成一个三重星系。

由于麦哲伦星系距离我们太遥远，所以它们的直径现在还没有一个精确的数字。估计大

麦哲伦星系的直径可能达到 5 万光年，接近银河系的一半。麦哲伦星系的恒星分布密度比银河系低得多。大麦哲伦星系的恒星总数可能也不超过 50 亿 ~ 100 亿个，小麦哲伦星系则只有 10 亿 ~ 20 亿个。两星系的恒星数量加在一起，只及银河系的 1/10。因此，有人把它们说成是银河系的两个卫星。但最新的研究显示，它们或许只是从银河系路过的星系。

## 宇宙科学馆

大麦哲伦星系是离银河系最近的河外星系，它在天球上的投影正好在南天极附近，远离恒星密集的银道带，受银河系星际消光的影响较小，因此具备比银河系的天体更优越的可观测条件，其观测资料也最为丰富。

# 活跃的活动星系

浩瀚的宇宙星空看上去总是那么宁静。然而，这不过是一种假象。天文学家发现，在银河系看似平静的时候，其他星系也许正在发生着剧烈变化。

## 什么是活动星系

科学家把有明显剧烈活动或剧烈物理过程的星系称为活动星系。活动星系的中心区域有一个极小而极亮的核，叫活动星系核，其大小通常在 1 光年左右，只占整个活动星系的很小一部分。但其光度大大超过宿主星系，因此活动星系核通常也指整个活动星系。

活动星系比普通星系更为活跃，能发出很强的电磁辐射。有的活

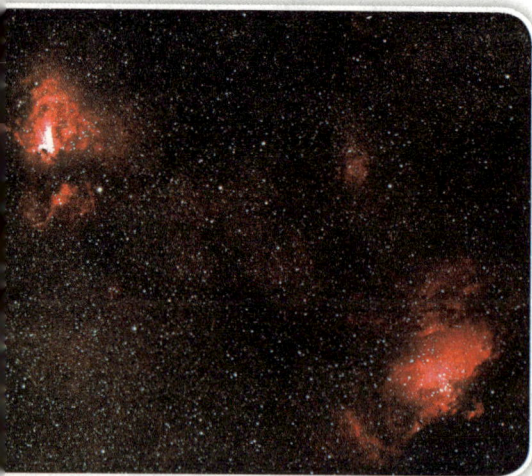

动星系有快速光变现象，有的则有明显的爆发现象（如喷流）。活动星系的大多数活动是与活动星系核联系在一起的，有些活动星系的绝大部分辐射来自活动星系核，而来自其他部分的辐射几乎观测不到。在宇宙中，活动星系的数量大致为正常星系数量的 1%，其寿命约为 1 亿年。目前，人类对活动星系的了解还不充分，因此，活动星系的研究已成为星系天文学甚至整个天体物理学中最活跃的领域之一。

## 活动星系的种类

活动星系包括赛弗特星系、类星体星系、射电星系、星暴星系等。

赛弗特星系：这是第一种被发现的活动星系，以它的发现者美国天文学家卡尔·赛弗特的名字命名。赛弗特星系是具有非常明亮的活动星系核的螺旋或棒旋星系，具

**超神奇！**

大部分活动星系距离我们非常遥远，这表明它们可能是宇宙中的年轻天体，因为它们的光要经过数百万年乃至数十亿年才能到达地球。因此，天文学家们认为，可能所有星系都经历过这种类似的活动阶段。

有很强的高电离发射线（谱线很宽）和强大、变化的 X 射线，不过它们并不辐射无线电波。赛弗特星系还是红外辐射的强发射源，根据其发射线的宽度、形状可分为Ⅰ型赛弗特星系和Ⅱ型赛弗特星系。Ⅰ型赛弗特星系具有宽的发射线，其发射线线谱表明，它们是由围绕中心高速运转的氢气云产生的；Ⅱ型赛弗特星系只具有窄的发射线，其光谱中尽管具有氢线，但似乎并没有快速运动的气体云。

类星体星系：被认为与赛弗

特星系十分相似，但核心活动更为剧烈。它们在天空中看起来就像是与恒星一样发光的点（因此被称为类星体），但通过分光镜对其进行研究能够发现它们明显不是恒星。根据它们谱线中的红移现象可知：它们大多位于极遥远的地方，是已知宇宙中较遥远的天体之一。与赛弗特星系相同，它们可以是射电噪的（类星射电源）或者是射电宁静的（传统类星体）。类星体星系的亮度可达普通星系的 1000 倍。

射电星系：这类星系在电磁波谱无线电波段的辐射最强。不同于点辐射源，这类星系的辐射从两侧的巨大辐射瓣上发出。大部分射电星系有两个辐射源，所

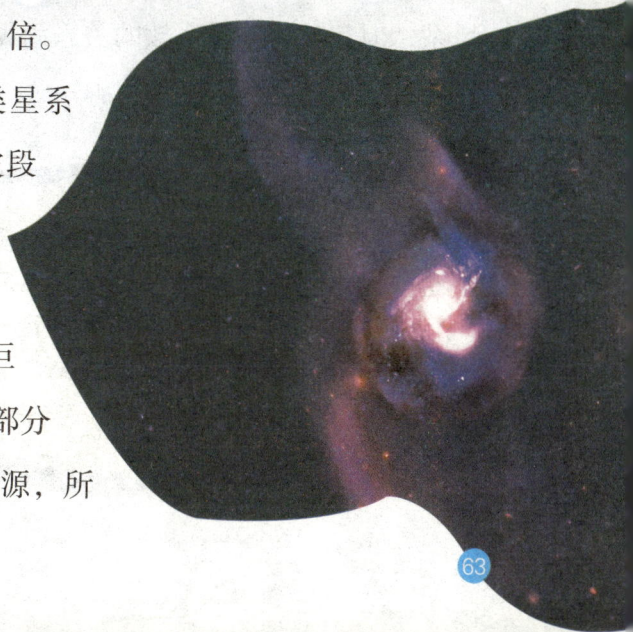

以又称双源型射电星系，通常为椭圆星系。根据发出射线的宽度，射电星系大体可分为宽线射电星系和窄线射电星系两种。

星暴星系：具有巨大的恒星形成区，红外光度高于可见光光度，大部分为旋涡星系。星暴星系虽属于活动星系，但其与活动星系核的关系尚无定论。

## 宇宙科学馆

按照射电波段的辐射，活动星系核可分为射电宁静活动星系核与射电噪活动星系核两大类。其中，射电宁静活动星系核包括低电离核发射线区、赛弗特星系及部分类星体。射电噪活动星系核包括射电噪类星体、耀变体、射电星系等。

# "低调"的矮星系

矮星系是一类光度较弱的星系，在5万秒差距之外是无法看见的。其绝对星等为 –8 ～ –16 等。矮星系或为椭圆星系，或为I型不规则星系。但这两种星系都比较小，成员星通常也不多。

## 较小和最多的天体系统

矮星系虽是宇宙中较小的天体系统，却在宇宙进化当中起到了至关重要的作用。有天文学家认为，在宇宙的进化过程中，最先形成的可能就是矮星系，进而矮星系构成了其他的大星系。

观测显示，矮星系可能是宇宙中数量最多的星系，其中的天体数量也可能是宇

宙星系中最多的，可能正是它们构成了最基本的宇宙。天文学家根据观测建立的宇宙进化模拟图显示，宇宙中分布着大量矮星系。人们近年来的观测也显示，在那些古老、巨大的星系中，矮星系的数量要比人们想象的多。

**超神奇！**

21世纪初，美国国家航空航天局官网称美航局与欧空局利用哈勃空间望远镜观测到一个不久前发生了星暴的不规则星系，美方称其为 NGC 3788，此矮星系正在诞生恒星。

### 矮星系的观测

天文学家曾利用更精确的天文望远镜采集数据，以研究不同地域星系的数目对宇宙进化产生的影响。他们观测了大约 3 万个天体，从获得的数据中发现，有些星系位于后发座星系团，有些人类的飞行物也是星系的一部分，但并不是天体。后来，天文学家利用更先进的射电望远镜测量出了后发座星系团内数百个星系之间的距离，并且利用数据分清了哪些飞行物属于星系。

结果，他们发现了一个令人惊奇的现象：在后发座星系团中多出了许多天体，它们和银河系中的某些星系一样巨大。天文学家由此判断，也许在后发座星系团里有1200～30000颗矮星，并且很多是以前没有发现的。天

文学家表示，此次观测到的这些矮星可能只是一小部分，那么，后发座星系团中最少有 4000 个矮星系。

也有天文学家指出，宇宙中的矮星系也许并不是最重要的研究对象，但是继续对矮星及矮星系进行探索和研究还是很有必要的。在后发座星系团中多出的天体也值得人们继续深入研究，目前人们对矮星和矮星系的数量还不清楚，但是矮星系在宇宙进化当中起了至关重要的作用。也许在不远的将来，人们对矮星系会有更多的了解。

# 宇宙科学馆

星系的大小不同：体形比较小的矮星系内含有几十亿颗恒星，而体形庞大的巨星系包含了数百万亿颗恒星。

# 星系间的接触

我们已经知道，星系不仅在自转，而且在移动，因此星系间互相接近是不可避免的。当两个星系靠近到一定程度时，随着卷须状气体和恒星互相穿越到星系之间的缝隙中，两个星系就容易发生星系碰撞。

## 星系碰撞

星系碰撞是宇宙间较壮观和震撼的景象之一。有科学家认为，星系碰撞在宇宙中相当普遍，这也是星系演化的关键。换句话说，星系碰撞带来的不只是毁灭，还有新生。

当两个星系发生碰撞时，最有可能的一种结果是星系间的合并。两个星系碰撞时，由于缺乏足够的动能来让自己在碰撞之后继续

前行，因此会"坠"向对方，在无数次"擦肩而过"后最终合并成一个星系。此外，星系碰撞也会带来另一种结果。假如其中一个星系比另一个大得多，那么前者在碰撞后基本上能保持原样，后者则会被撕裂，成为前者的组成部分。

迄今为止，天文学家观测到的最剧烈的碰撞是名为 MACS J0717 的 4 个星系团的碰撞。碰撞所产生的星系流、气体和暗物质长达 1300 万光年。当星系流运行到一个充满物质的宇宙空间时，就会引发气体间的反复碰撞。当两个或更多星系团的气体碰撞时，热气团会逐渐放慢速度。而在这一过程中，星系并不会放慢速度，最终星系会运行到气团的前方。

宇宙科学馆

星系碰撞时，不同星系的气体和尘埃等物质会变得更加密集，形成弥漫星云，弥漫星云里会诞生新的恒星。

星系吞噬

　　通常情况下，星系碰撞不会直接发生，当星系间彼此靠近时，一些星系外围的恒星会被强大的引力牵扯走，然后被抛掷到太空，留下星系内部的恒星在星系间的星海里。若碰撞直接发生，结果会有多种可能。如果是两个旋涡星系相撞，则气体圆盘被强大的力驱逐到宇宙空间里，然后合并成更大更亮的星系，即形成一个没有气体物质的椭圆星系。宇宙中的棒旋星系、不规则星系都是几个星系碰撞或相互影响的产物。有时，呈旋涡状的小星系会逐渐向大星系靠拢，直到被大星系吞噬，而大星系则变得越来越大，继续吞噬比它们小很多的星系。

美国、英国、荷兰合作发射的红外天文卫星曾探测到极亮红外星系发出的强烈红外辐射，比银河系的红外辐射

**超神奇!**

科学家发现，银河系正在和仙女座星系慢慢靠近，将在大约30亿年后发生接触，并用10亿年的时间相互融合，形成一个新的椭圆星系。太阳系并不会受到干扰，因为即使在同一星系中，恒星之间的距离也是非常遥远的，并不会直接发生碰撞。

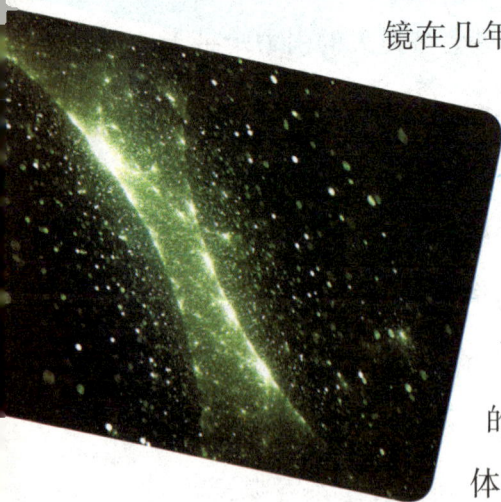

强100倍以上。天文学家估计，这些很亮的红外光可能是由于星系相互碰撞时，尘埃物质将碰撞中产生的新生恒星的光吸收并再辐射所致。科学家通过哈勃空间望远镜在几年时间里对30亿光年内的123个极亮红外星系进行搜索，结果发现其中有30%是明显可见的多重合并。在这些多重碰撞中，科学家们看到了宇宙进化的最终阶段——小的碎片相互结合形成更大的天体。在星系发生碰撞之后，大量

物质从星系的裂缝中出来，形成很长的队列，这些物质收缩形成的多重核挤在一起，因而诞生出许多新的恒星。这一结果说明了宇宙早期的情况，那时的星系碰撞经常发生。

## 触须星系

　　哈勃空间望远镜曾拍摄下一张记录着宇宙悲剧的照片——乌鸦座的两个星系 NGC4038 和 NGC4039 相撞的画面。NGC4038 和 NGC4039 碰撞产生的两条由恒星、气体、尘埃等组成的长尾，酷似昆虫的触须，所以两者合称为触须星系或天线星系。目前 NGC4038 和 NGC4039 仍处于碰撞状态。科学家说，这两个碰撞星系最终会合并成一个椭圆星系。

# 银河系中的其他生命

人类在探索宇宙奥秘的同时也在不断地询问：地球在宇宙中到底是不是独一无二的？银河系究竟有没有其他生命？

## 存在生命的星球

太空中有的恒星是那么年轻，甚至爪哇猿人曾经是它们诞生的见证人。在这种恒星周围的行星上，高级生物还来不及形成。而大质量恒星发光发热只有几万年，

相较于漫长的生物进化过程，实在太短暂了。看来只有从围绕质量相当或小于太阳的恒星运行的行星中去找其他生命。

生命离不开液态水。人们想知道，在

# 宇宙科学馆

　　除了少数例外，银河系中恒星的发热年代都很久远，足以使智慧生物渐渐形成。但尚不清楚是否有行星围绕着这些恒星运行，因为只有在围绕恒星公转的天体上才具备液态水所需的温度。

某些行星上是不是已经存在类似人类甚至进化阶段更高级的生物。考古发掘表明，早在35亿年前地球上就存在过比较高级的单细胞生物，它就是蓝藻，而人们估算的地球年龄只比这个数字大10亿～15亿年。所以人们要搜索的行星对象应该具备这样的条件：能使原始生物至少有40亿年的历史，并且能稳定地向较高级生物进化。

　　可惜天文学家对别的恒星周围的行星还一无所知。由于它们实在太遥远，即使离我们最近的一些恒星确有具备液态水所需温度的天体绕它们运行，人类也无法直接用望远镜观测这些行星。

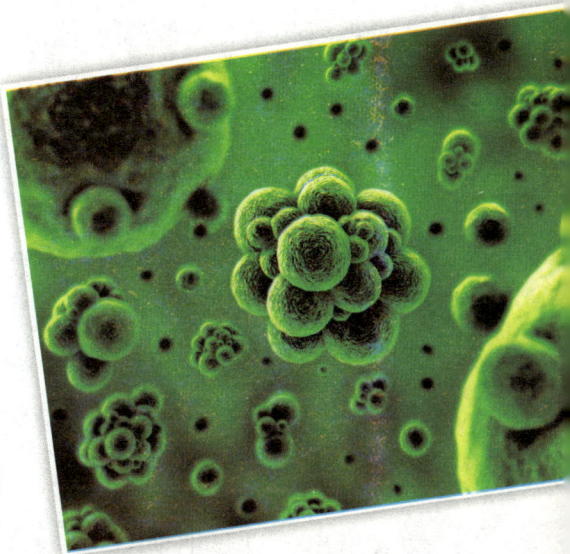

科学家研究发现，生物的产生与生物所在的行星和恒星的距离有关。一个行星若要产生生命，它与所属恒星的距离必须在恒星辐射范围，使其表面保持着液态水产生所需的温度。

除了上述条件，适宜的气候也是产生生命的一个重要因素。然而，天体具备适于生物生存的气候是多么罕见。科学家指出，只要把地

超神奇！

科学家发现，除了少数区域外，整个宇宙中化学元素的分布大体上是相同的，银河系中离我们最遥远的恒星，甚至别的星系中的恒星，它们的化学组成和太阳一样，大多由氢、氧和其他的化学元素组成。

球与太阳的距离缩短5%，
地球上的生物就会因为气
温过高而无法生存；把地
球与太阳的距离增加1%，
地球就要被冰川覆盖。可
见，这段距离的伸缩空间是
不大的。因此，外部条件合
适、使生物能进化到较高级阶
段的行星，在银河系中最多只有100万颗。

　　科学家认为，如果气候适宜，即使是在一颗遥远的
行星上，也能找到构成一切有机化合物所需的各种物质。
然而，从简单的有机化合物向那些构成生命基础的复杂
分子演变，是一个漫长的过程。实际上，在凡是可能孕
育生命的场所生物已经出现了，那么银河系中可能有100
万颗存在生物的行星，这些生物也许各自都已演变了40
亿年，只不过它们还处在不同的进化阶段，甚至有些行
星上的生物已达到智能生物阶段了。

　　银河系到底有没有其他生物存在？迄今为止，这还
是一个谜。

# 夜空中的北斗七星

对中国人来说，北斗七星几乎无人不知，无人不晓。它们像殷周时期盛酒的勺子（古人称为"斗"），所以被称作北斗七星。

## 北斗七星的命名

北斗七星属于大熊座的一部分，处于大熊座的尾巴处。七颗星星的名字从斗身上端到斗柄末尾，依次为大熊座 α、β、γ、δ、ε、ζ、η，中国古代则称其为天枢、天璇、天玑、天权、玉衡、开阳、瑶光。其中，天璇（β）和天枢（α）两颗星星的连线指向北极星，因此也叫"指极星"，可以帮助我们在夜间辨

认方向。如果你在一个晚上持续地观察北斗七星，会发现它也从东往西转，到了太阳出来就不见了。季节不同，北斗七星在天空中的位置也不相同。因此，我国古代人民就根据它的位置变化来确定季节。

### 北斗七星的变化

**宇宙科学馆**

北斗七星中，天权最暗，是一颗3等星；其他6颗都是2等星，其中玉衡最亮。

古人把北斗七星作为一种永恒、神圣的象征，难道北斗七星组成的图形永远不变吗？遗憾的是，事实不是这样的。虽然看起来它们始终在一起，但实际

上它们与地球的距离是远近不一的。而且，每颗星各自运行的方向和速度也大不相同。

北斗七星始终在天空中做缓慢的相对运动。其中 5 颗星星以大致相同的速度朝着同一个方向运动，而天枢和瑶光则朝着相反的方向运动。因此，在漫长的宇宙变迁中，北斗七星的形状会发生较大的变化，大约 10 万年后，人类就看不到这种柄勺形状了。

## 超神奇！

北斗七星是北极附近最明亮的星座，它的位置会随着季节的变化发生相应的变化。战国时期，人们就已经可以用北斗七星的指向来确定季节：斗柄指东为春，斗柄指南为夏，斗柄指西为秋，斗柄指北为冬。

# 永恒指针——北极星

北极星在夜空的繁星中十分特别，其他星星总是东升西落，唯独北极星一年四季都闪亮地待在北极的上空。

## 北极星的位置

北极星属于小熊座，被天文学家称为小熊座 α 星，是整个小熊座中最亮的一颗星。它是一颗黄巨星，距地球约 400 光年，质量约为太阳的 5 倍，是离地球最近的造父变星，在中国古代被称为"勾陈一"或"北辰"。在星座图上，它处于小熊座的尾巴尖端。

**超神奇！**

北极星并不是一颗孤零零的恒星，实际上它是一个由三颗星组成的三合星系统。

我们都知道地球绕着贯穿南北极的自转轴进行自转，北极星所在的位置非常接近地球自转轴的延伸线，所以尽管地球在不断自转，北极星的位置也不会升起或落下，而是会在北天极附近打转。北斗七星距离北天极比较远，因此随着地球的自转，我们能看到北斗七星沿着顺时针

方向绕着北极星旋转。虽然地球也在围绕太阳进行公转，太阳还会带着地球绕着银心运动，但我们却看不出北斗七星和北极星在夜空中有什么变化，这是因为这些星星与地球的距离十分遥远，是地球和太阳之间距离的上千万倍，肉眼根本无法看出变化。

## 北极星的更替

在我国古代，人们认为永恒不变的北极星是极其独特的存在，所有的星星都在围绕它转，所以将它看作帝王的象征。实际上，由于地球自转轴在以每年 15 角秒的速度缓慢地运动，自转轴指向的北极方位也在随之改变，所以北极星的"皇位"存在更替现象。早在公元前 3000 年，那时的北极星是右枢（天龙座 α）；公元前 1000 年的周朝，北极星换成了紫微星（小熊座 β）；公元 600 年左右的隋唐时期，轮到了北极五（鹿豹座 32），它是人类历史上观测到的最暗的北极星；到了明清时期，勾陈一（小熊座 α）成为"新一任"北极星，一直到现在。

据科学家预测，大概在公元2100年，勾陈一将开始远离北极星的位置，公元4000年左右，仙王座 γ 将成为新的北极星。而大约在公元28000年，地球自转轴的北极点又将重新指回勾陈一，那时它可能会再度坐上北极星的"皇位"。

宇宙科学馆

北极星的星等变化范围为 1.97 ~ 2.12，在星空亮度中排第 47 位。

# 扫帚星——彗星

彗星是指在太阳的引力下绕着太阳运动，亮度和形状会随日距的变化而变化的天体，有着云雾状的独特外貌。自古以来，偶尔现身的彗星充满了神秘恐怖的色彩。我国民间叫它"扫帚星"，认为它会带来灾难，可事实真的如此吗？

## 彗星的发现

哈雷彗星在 1066 年出现时，法国诺曼底公爵威廉率兵正准备攻打英国。后来，他一举获胜，建立了诺曼底王朝。威廉公爵的夫人为了纪念这次胜利，将当时的情景编织在一幅挂毯上，图中一方是一群诺曼底人指着彗星

露出胜利的微笑，另一方则是英国的哈罗德国王坐在王位上惊恐地望着头上的彗星。

埃德蒙·哈雷却不相信这些迷信的传说，他担任过英国格林尼治天文台的台长。1682 年，他亲眼见到了一颗彗星。他利用牛顿的彗星轨道计算方法，分析了 1337 年至 1698 年有观测记录的 24 颗彗星轨道，发现其中 1531 年、1607 年和 1682 年记录的 3 颗彗星在出现方式、运行轨道和时间间隔上有着惊人的相似，于是推测这 3 颗彗星是反复出现的同一颗彗星。经过反复研究，他大胆预言，

**超神奇!**

中国人对彗星的记载，最早可以追溯到公元前 1057 年的商朝后期，即周武王伐殷纣王时。从公元前 613 年到 1910 年的 34 次彗星回归中，我国共有 31 次记录。

这一彗星将在1758年底或1759年初再度出现在空中，并且每隔约76年将出现一次。后来，哈雷的预言得以证实，该彗星在1758年的圣诞夜果然再次回归，遗憾的是哈雷已于1742年与世长辞，无缘与它会面了。为了纪念哈雷，这颗彗星被命名为"哈雷彗星"，这也是被人类第一次预报归期的彗星。

20世纪哈雷彗星有两次回归：第一次是1910年5月，哈雷彗星庞大的尾巴在地球上空逗留了几个小时，亮度如同火星，让人大饱眼福。第二次是在1986年，这次虽没有第一次那么壮观，但依旧让人们感到兴奋。这两次回归，使得哈雷彗星家喻户晓。

## 彗星的起源

关于彗星的起源有两种观点：一些人认为彗星是太阳系形成时的一部分，它们之所以没有参与行星的形成，

也许是因为组成彗星的物质在距离太阳很遥远的地方运动着。虽然它们形成了类似圆盘的结构，并且在引力的作用下，盘内的粒子集聚成各种大

彗星由彗核、彗发、彗尾三部分组成。彗核由冰物质构成，当彗星接近恒星时，彗星物质升华，在冰核周围形成朦胧的彗发和一条由稀薄物质流构成的彗尾。

小的固体，但是由于附近没有一颗恒星照耀而冻结成了低温条件下自然形成的冰，因此彗星的成分中包含了冰、干冰和一些固态的有机物。还有一些人认为彗星是天外来客，是过路的一颗恒星由于太阳的引力作用，其中的一部分物质发生偏转，以众多碎片的形式进入了太阳的控制区域。

如果彗星的寿命真的十分短暂，而且它们的命运只能是四分五裂，形成大量的星际尘埃而最终步入消亡，那么为什么直至今日，仍有大量的彗星遨游于天际呢？为什么在太阳系形成至今的50亿年

的漫长岁月里，彗星仍未消失殆尽呢？

上述问题的答案只可能有两个：彗星的形成与消亡同样迅速；宇宙中的彗星实在太多了，即使在50亿年后的今天仍未全部消失。不过第一种答案成立的理由并不充分，因为天文学家至今未能找到彗星仍在形成的证据。看来，我们只能从第二种答案入手。有天文学家曾指出，太阳系形成时，由于它的中心产生的引力无法充分束缚其最外部大量的星际尘埃和气体星云等原始物质，所以这些物质未能成为整个聚合过程中产物的一部分。在这种聚合过程的初期，上述物质仍处于原始位置，并因受到的压迫较轻而形成了1000亿块左右的冰态物质。

目前，人们还没有完全解开彗星起源之谜，科学家们仍在努力探索。相信在不远的将来，人们对彗星会有更多的了解。

# 银河系的传说

我国观测星空最早可以追溯到商代的甲骨文时期。自古以来，人们对于银河的观察和遐想，诞生了许多浪漫的传说。

## 牛郎和织女的故事

《牛郎织女》是我国一个古老的民间神话故事。传说，天上的玉帝有个女儿名叫织女，有一天，她偷偷下凡游玩，偶遇了一个叫牛郎的放牛娃，二人一见钟情。

天津四

织女星

# 宇宙科学馆

古人很早就注意到了牛郎星。《星经》有载："牵牛，名天关。""牵牛"就是牛郎星。《汉书·地理志》则记载："粤（越）地，牵牛、婺女之分野也，今苍梧、郁林、合浦、交趾、九真、南海、日南皆粤分也。"

牛郎和织女结婚后，男耕女织，过着幸福的生活，并生了一男一女两个孩子。王母娘娘和玉帝知道此事后大发雷霆，派天神强行把织女捉回天宫。这个美满的家庭被硬生生拆散了。牛郎为找回妻子，就用扁担挑着两个孩子追到天上。眼看就要追上了，王母娘娘拔下头上的金簪一划，一道天河出现了，汹涌的河水把牛郎和织女分隔开，两人只能相对哭泣。他们的忠贞爱情感动了喜鹊，千万只喜鹊飞来，搭成鹊桥，让牛郎和织女走上鹊桥相会。王母娘娘无奈，只好允许两人在每年农历七月七日于鹊桥相会。

牛郎和织女的故事只是一个美丽的传说，但是天

探索宇宙奥秘

上真的有牛郎星和织女星。牛郎星是天鹰座中一颗非常亮的星星，位于银河的东南侧；织女星则是天琴座中最亮的一颗星星，位于银河的西北侧。古人看到这两颗星星那么亮，又隔着银河相望，所以想象出了这个传说。

**超神奇!**

据现代天象观测，整个太阳系正以每秒19千米的速度向着织女星方向奔去，这样下去，牛郎星倒真有可能与织女星相会。

**牛郎星和织女星**

织女星是一颗年轻恒星，只存在了10亿年，与太

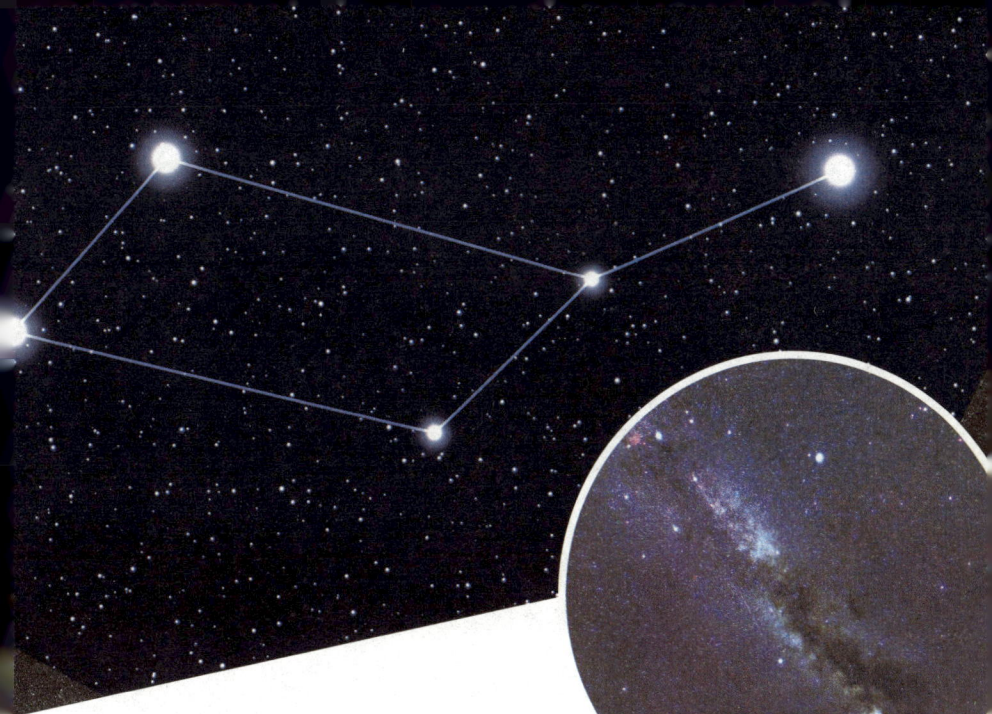

阳系的 45 亿年相比，它还是一个孩子。它离地球只有 26 光年，尽管直径只比太阳大 2 倍，却比太阳亮 60 倍。从地球上看去，它的亮度很稳定。当美国远程侦察监视系统（IRAS）的探测器对准织女星时，人们惊奇地发现，织女星的周围有一片巨大的物质云，织女星的引力已迅速把许多太小的物体吞没。

　　牛郎星又叫"牵牛星""大将军"。这颗恒星很好分辨，在北半球的夜空中，人们能清楚地用肉眼看到。牛郎星比太阳更年轻、更热，其直径大约是太阳的 2 倍。牛郎星在赤道区域的自转速度高达每小时 102.7 万千米，大约是太阳自转速度的 60 倍。因此，牛郎星并不像太阳那样是个几乎完美的球体，极快的自转速度使它的"腰围"明显胖出一圈，成了一个扁扁的椭球体。

从表面上看，牛郎星和织女星之间只隔着一条银河。实际上，两颗星的距离有 16.4 光年。假如牛郎每天走 100 千米，到织女那里需要 43 亿年。要是织女给牛郎打个电话，也要 30 多年才能等到声音。因此，牛郎和织女想要见面并不容易。